数学的恋愛論
RO.8

恋の番人RO.9

藤四郎
toushiro

巡り巡ってこの出会いを与えていただいたすべての人々に感謝の意を込めて

前作同様、一行落とし、特に今回はことわざ、慣用句、四字熟語等でまとめてみました。

数学的恋愛論　RO.8

恋の番人　RO.9

藤《とう》四《し》郎《ろう》

目次

前置き

恋話　その後

風のうわさ

「今度、○○さんの彼氏が、彼女のご両親に会いに行くんだって」

と友人から聞いた。

（婚約か）

　何とか平静を装ったが、ショックに言葉が出なかった。

　彼女から、好きな人がいて年上ということは聞いていたから、もう立派な社会人であり、あんな素敵な女性を放っておくことはなく、当然早い段階で求婚するであろう。

　数日前、二人で会ったばかりだった。

（なんだ、それなら直接言ってくれればよかったのに）

と思ったが、もし彼女に婚約のことを言われて、きちんとしたお別れが言えるかどうか自分でも自信がない。

　心の中では、

（お幸せに）

　彼女が、この人いいなと思う男がいて、その男も彼女のすばらしさに気付いていて、二人が一緒になりたい以上、私が再び彼女の前に出る幕はない。

万事休す。

それで、最後に会った時をお別れにしてしまった。

幸せの条件

「高収入であれば、必ず幸せな結婚生活を送ることができる」

とは全く思わないが、

「幸せな結婚生活を送るには、ある程度の収入が必要である」

とは思う。

つまり収入は、幸せの必要十分条件ではないが、必要条件にはなると思う。

その意味で、私の場合は、経済力という決定的な条件の欠落があった。

それなりの収入のめどが立たない以上、打つ手はない。

すべては、絵にかいた餅。

会わせる顔がない。

再会

（彼女だ）

向かいの通りを歩いている女性が彼女であることは一目見てすぐにわかった。

会に彼女が出席することを知り、私は会場の外で待っていた。

昔、よく友人にこう語っていた。

「あの子は、きっといくつになってもきれいなままだよ」

そう話し、思い描いていた通りに数十年の時を超えて素敵な女性のまま、颯爽《さっそう》と向かいの歩道に現れた。

全く年月を感じさせない。

天を仰ぎながら、再び出会えたことを神様に感謝した。

彼女が近くまで来たところで、寄って行って早速、久しぶりにこう声を掛けた。

「うぁー、全然変わっていませんね」

逃した魚は大きい。

（言葉、汚くてすみません）

すっかり、再会に舞い上がってしまって、外国暮らしに慣れていたのもあって、いきなり握手を求めたが、拒絶された。

けんもほろろ。

彼女の行動は、常に理にかなっていて、そういう彼女の行動の一つ一つが、好きにさせるところである。

君子、危うきに近寄らず。

私みたいな男と軽々しく言葉を交わさないことは、さびしいけれど納得できる行動である。

だから、私の期待と落胆は、まさしく、自己矛盾。

会が始まり、懇親会が進んでいく中、彼女の周りには絶えず男が集まり、なかなか話し掛けるチャンスがなかった。

まるで、紅一点。

「やっと、空いた」

彼女が一人で座ったところを見計《みはか》らってこう声を掛けた。

「それで、あれからどうしましたか。バスに乗ってから……」

お互いの近況を手短に話した。

すぐに昔の会話できる仲に戻れた。

どうやら私が一人勝手に想像していた人とは結婚しなかったようである。

どうせ、私は「男話の男」で、彼女が好きなタイプの「ご立派な男」からはほど遠く、ランク外だから関係ないが。

しばらくして、彼女がこうきいてきた。

「連絡してこなかったね」

「あんまり働いていなかったから。結局、僕は口先だけの男だからね」

と、以前は言えなかった心にもない弱音《よわね》で答えた。

ほんの数秒ではあったが、瞳を見つめることもでき、中身の濃い会話ができた。

こうして、初めて彼女を見かけた時から、なんとか声だけは掛けておかねばと、いきなり電話をかけたり、往復はがきを出したりして、時が経って、もし機会がめぐってきたなら、少なくともおしゃべりできる仲になっておきたいという想いでの行動の目的は達成した。

初志貫徹。

今後、もう二度と会うことはないかもしれない彼女と最後にやっと交わせた一言二言が人生最後のやりとりになったのかなと思いながら毎日を過ごしているわけである。

ちなみに、妻が彼女につけたあだ名は、

「おまんじゅう」

子供達からも「おまんじゅうさん」について時々、話題に上がる中、今度、もし彼女に会えたならこうきいてみたいものである。

「私と再会してから、くしゃみをすることが多くなりませんでしたか」

ということで、いいことはすべて、神の御心《みこころ》のままだと思い込み……

終わりよければすべてよし。

単なる仮説であり、読者がご使用する場合には、一切責任を持ちません。
あらかじめ、お断りしておきます。

恋愛の算式

きっかけ

「結婚して夫婦になるのって、1足す1が2より大きいものになることだと思うの」

と彼女が言った。

それを聞いて、こう感じた。

（1＋1＞2？　または
　1＋1＝2＋α？

堅実的で、ごもっともな考えだが、ちょっぴり欲張りのような気が……）

私は、彼女が好む前向きな人間ではなく、むしろ後ろ向きの人間なので、私自身がマイナス1だとすると、たとえ結婚が足し算であるとしても、

(−1)＋(＋1)＝0
または、プラス1だとしても、結婚自体が引き算になれば、

(＋1)−(＋1)＝0
になるかも。

どちらの結果も彼女の元の数の1からは、小さくなってしまっている。

それとも、……

こうして、恋愛の算式の考察は始まった。

男女の分類

拙著《せっちょ》「男話女話RO.２」でも書いた通り、私は、男を次の三種類に分類している。

男話の男、
ご立派な男、
女話の男

そのうち、女話の男とは、女話を男が理解できているわけはなく、実際には
女話を勝手に勘違いして行動する男　もしくは
女性から聞いた女話の理想化した男を気取る男
の略称のことである。

その異性対称として

男話の女
ご立派な女
女話の女
が存在する。

この中で、男話の女とは、男が勝手に理想化した女性のことである。

さらに書くと、ご立派な女とは、私が勝手に理想化した女性のことである。

女話の女とは、私が勝手に想像するいかにも女性らしい女性のことである。

男話、ご立派、女話という同じ分類の中でも、それぞれの異性とは立ち位置、役割は、異なっている。

これからの説明や文脈でそれとなく察していただきたい。

それぞれの男女の特徴は次ページの表をご覧いただきたい。

判定項目／種別	男話の男	ご立派な男	女話の男を気取る男
行動基準	こだわりの探究	愛情・友情	見栄
残したいもの	独りよがりの作品	家族・仲間との思い出	お金

判定項目／種別	男話の女	ご立派な女	女話の女
見た目の雰囲気	控え目	堅実	お嬢様気取り
好きな男に～	尽くす	大事にされる	貢がせようとするが…

詳しく知りたい方は、拙著「男話女話RO.２」のふろくのページをご参照下さい。

今の世の中、男、男といっても受け入れてもらえないかもしれないが、少なくとも昔、男話の世の中は存在していたと思うし、便宜上《べんぎじょう》の説明のため、少々我慢していただきたい。

最後には、男女平等ということで納得していただきたい。

上機嫌な恋ならぬ乗加減な恋

男女の恋愛関係を算式で示すという試みである。

それぞれの男と女に自己の数が決まっている。

元の自分の数から恋愛の算式の結果への変化値は、それぞれの男または女の満足度を示す。

つまり、それぞれの算式の結果から自らの持つ数を引いた数値が、満足度を表す。

男話の男　マイナス1
(-1)
分類された男によって、恋愛の結びつきの計算式がついてまわる。
男話の男の場合は、乗、掛け算である。
×
言葉の意味において、『かける』からは
掛ける　（こだわりに）賭ける　（作品が）書ける　描ける　懸ける　駆ける　欠ける
その恋愛の乗の算式の結果は、積、作品が積もる。
元の自分の数から計算結果となる積への変化値は満足度を示す。

23　恋愛の算式

ご立派な男　プラス1

（+1）

その恋愛の結びつきの計算式は、加、足し算である。

+

言葉の意味において、『たす』からは

足す　付け足す　継ぎ足す　（条件を）満たす

その恋愛の加の算式の結果は、和、家族や仲間との気持ちや雰囲気が、和《なご》む。

元の自分の数から計算結果となる和への変化値は満足度を示す。

女話の男　ゼロ

0

その恋愛の結びつきの計算式は、減、引き算である。

－（マイナス）

言葉の意味において、『ひく』からは

引く　気を引く　人目を引く　手を引く　幕を引く　くじを引く　長引く

その恋愛の減の算式の結果は、差、違い、気持ちが冷め、温度差が大きい。

引き算に関しては、相手の数から本人の数を引いた数値が、当事者の満足度を表わしている。

お互いの数を引き合った差の合計が、算式の結果となり、常に0となる。

それぞれの対称の異性は

男話の女　マイナス1

(−1)

ご立派な女　プラス1

(+1)

女話の女　ゼロ

0

となる。

加	減
+	-
ご立派な男	女話の男を気取る男
1	0
(+1) + (-1) = 0	{ (-1) - 0 } + { 0 - (-1) } = 0
0 - (+1) = -1	(-1) - 0 = -1
0 - (- 1) = 1	0 - (-1) = 1

(+1) + (+1) = 2	{ (+1) - 0 } + { 0 - (+1) } = 0
2 - (+1) = 1	(+1) - 0 = 1
2 - (+1) = 1	0 - (+1) = -1

(+1) + 0 = 1	(0 - 0) + (0 - 0) = 0
1 - (+1) = 0	0 - 0 = 0
1 - 0 = 1	0 - 0 = 0

恋愛の算式			乗 ×
			男話の男
			-1
男話の女	-1	計算式	(-1) × (-1) = 1
		男満足度	1 - (-1) = 2
		女満足度	1 - (-1) = 2
ご立派な女	1	計算式	(-1) × (+1) = -1
		男満足度	-1 - (-1) = 0
		女満足度	-1 - (+1) = - 2
女話の女	0	計算式	(-1) × 0 = 0
		男満足度	0 - (-1) = 1
		女満足度	0 - 0 = 0

男話の男

マイナス1
（−1）

男話の男のエネルギーの多くは、こだわりの探究に向けられ、それが生きがいである。
それ以外の事柄については、ルーズで気まぐれな男である。
こだわったことが、花咲くこともあるが、たいていは、単なる趣味のまま終わる。
とにかく没頭したくて、時間が足りないと思い込んでいる。
実際は、気分が乗らない時は、無為《むい》に過ごすことが多い。
こだわった特定の分野の情報収集が欠かせない。
その分野の思索《しさく》にふけ、創作・展開するのが何よりも好きである。
新しいアイデアのヒントを探し回る。
創造的な仕事をするにはひらめきが命である。

集中できる落ち着いた環境が大事で、ひらめきが浮かんだ時が、至福の時である。

ひらめきの出現を妨げるような制約や束縛を嫌う。

思考の中断を嫌う。

沈《ちん》思《し》黙考《もっこう》する時間がなければ、満足のいく作品はできない。

例えば、好きな曲は、飽きるまで何百回でも聞き続ける。

机の上は、ひらめきを書きつけたメモが散らかっていたり、本やノートが乱雑に置かれていたりする。

そこを勝手にいじられたり、片付けられたりすると、頭の中をぐちゃぐちゃにかき混ぜられた感じとなり当然、激怒する。

家で、興味あることに集中している時、または、ひらめきが出てきそうな瞬間に声を掛けられるとこう一喝する。

「うるさい」

男話の男の恋愛観

女性の見た目の第一印象、直感で決めている。

女性の身のこなし、しぐさ、態度、声、雰囲気で察する。

夜《よ》目《め》遠《とお》目《め》傘のうち。

あばたもえくぼ。

初対面で、ときめきがあるかどうかが一番大事である。

自分の直感に自信がある。

一目惚れ。

残念ながら、女性から見ると、男話の男は初めから恋愛対象とはならない、眼中にない、論外というのが普通であろう。

男話の男は、自分が相手の女性を好きなことと相手が自分を好きになってくれるということは全く別のことで、因果関係はないことを仕方なく承知している。

独立事象。

だから、誘った女性が付き合うことに迷った時点で、その恋愛には目がないことを悟る。

口説くということがあまり意味を持たないと男話の男は思っている。

好きな女性と話をしてみて、女性の好きな男のタイプがご立派な男で、興味ある男話の男がどんな男か聞けば、もう十分。

好きになった女性が好むご立派な男に嫉妬しながら、発奮材料としてひたすらがんばるしかない。

自分のこだわりに突き進み、好きな女性に理解してもらえる男話の男の一人になることを目指す。

結局、男話の男にとって、男話の男のままでいることを認めてくれる女性、男がこだわりに熱中することを妨げないで、好き勝手にやらせてくれる女性が気が合う女性となる。

例えば、初めてのデートで緊張して食事もとらずに歩き回ったあげく、彼女に、

「お腹すいたわ」

と言われ、結局一番安い店にしてしまう。

本心は、

（私と一緒にいても、高いものは食べられないよ）

その後のデートも、いきあたりばったりで、計画性なし。

また、好きな女性が、せっかく素敵な服を着て来てくれても、こう思う。

（こんな高価な服は買ってあげられないいな）

男話の男と各女性達との相性

どの女性とも乗、掛け算となる。

男話の男　×　男話の女

$$(-1) \times (-1) = 1$$

二人そろってやっと一人前といったところである。

恋愛の算式の結果の積から自己の数を引いた満足度は、

$$1 - (-1) = 2$$

男女とも満足度は、２であり、満足できるものである。

女性が、男話の男を勝手にご立派な男と勘違いすれば、男話の男が恋愛対象となってくるかもしれない。

男話の女にとって、男話の男のこだわりの探究さえ妨げないように気を遣っていれば、あとはあまり気にしなくていい案外《あんがい》扱いやすい楽な男かもしれない。

結婚の形態は、夫唱《ふしょう》婦随《ふずい》。

その妻は、糟糠《そうこう》の妻。

男話の男　×　ご立派な女

$(-1) \times (+1) = -1$

　恋愛の算式の結果の積から自己の数を引いた満足度は、

男話の男にとってみれば、

$-1 - (-1) = 0$

ご立派な女にとってみれば、

$-1 - (+1) = -2$

男女の間にかなり差がある。

満足度のマイナス2は、恋愛の算式の数値の中で最小値である。

男話の男にとって、見初めたご立派な女は、容姿端麗《ようしたんれい》。

本来、気高く手の届かない存在、永遠のマドンナであり、愛しの君、まさしく、高嶺《たかね》の花。

男話の男は、この花を取ろうとして崖《がけ》から落ちるのを恐れる。

男話の男にとって、好きか嫌いかは数秒でわかることであり、それがはっきりしないご立派な女をじれったく感じるであろう。

男話の男が、ご立派な女に遠慮することで、こだわりの探究への妨げになってしまう。

男話の男にとって、ご立派な女と一緒にいることは、一番欲しいものを手に入れたことになり、自己満足してしまうことになりかねない。

本願《ほんがん》成就《じょうじゅ》したら何もしない不精な男となり下がることもあり得る。

釣った魚にえさはやらない。

ご立派な女が、ご立派であることに間違いないとしても、どんな男とでもうまくやっていけるわけではない。

ご立派な男に変身することのない男話の男が、恋人へ昇格し、さらにそれ以上に発展することはありえない。

ご立派な女が、こんな男話の男との恋愛関係に見切りをつけるのは、時間の問題。

ご立派な女は、愚痴を嫌い、常に前向きの姿を求める。

男は、失敗できない、常にベストを求められる。

男話の男にとっては、堅苦しく感じるであろう。

ご立派な女の思考回路は、常に、理路《りろ》整然《せいぜん》。

男話の男が単なる発想の一つとしてつぶやいた一言が、ある条件を無視していて馬鹿な事を言ってしまったこととなった時、愚かさをきつい一言で指摘されたら、次からは発想の妨げとなろう。

例えば、ご立派な女が、一緒に美術館に行って、展示作品の作者である芸術家である男話の男の写真を見て、こう感想を言うかもしれない。

「あの人の写り方は、気取り過ぎていないかな」

また、男話の男が、趣味に没頭した結果、出来上がった作品に無限大の価値をつけたとしても、ご立派な女には一言、こう突っ込まれるであろう。

「えー、それって単なる自己満足じゃないの」

男話の男にとって無限大の評価がご立派な女にとっては、0になるこの落差、

∞ → 0

電流が通じ、火花が散りそうである。

男話の男　×　女話の女

$(-1) \times 0 = 0$

恋愛の算式の結果の積から自己の数を引いた満足度は、

男話の男にとってみれば、

$0 - (-1) = 1$

万が一、女性に興味を持っていただけたなら、それだけで満足であろう。

女話の女にとってみれば、

$0 - 0 = 0$

女話の女から見れば、算式の結果が、自らの0からそのままということで、いいことはない。

女話の女にとって、男話の男は何を考えているかわからない全く理解不能な気の利かない身勝手な男ということになろう。

相性比較

前述の通り、男話の男から見れば、結果として男話の女との相性が一番いい。

男話の女との算式の結果からの満足度は、

$1 - (-1) = 2$

自身のマイナス1からプラス1への変化で2に対して
ご立派な女との算式の結果からの満足度は、

$-1 - (-1) = 0$

自身のマイナス1のままで0、
女話の女との算式の結果からの満足度は、

$0 - (-1) = 1$

自身のマイナス1から0への変化で1である。

男話の男にとってみれば、ご立派な女とのいさかいが絶えなければ、自分のこだわりに没頭できないし、また、毎日、女話の女を見つめていたら、時が過ぎるのを忘れてしまい気付いた時には何も作品を残せず老いている。

どちらの場合も、男話の男にとっては、悪妻は百年の不作。

ご立派な男

プラス1

（+1）

ご立派な男は、家族と仲間を大切にする。

万能で、前向きでバイタリティーあふれる万年《まんねん》好青年である。

常に最適解を求め続ける。

周りの男女の友人からの信頼が厚い。

常に結果を出しているので、女性の人気が殺到する。

いわゆる若いうちからモテる男である。

男話の男とも女話の男とも交流でき、リーダーシップを発揮できる立場である。

ご立派な男の恋愛観

約束を守るため努力し続け、正々堂々とプロポーズし、女性を幸せにすることを誓う。
その後も、満点獲得を目指し続ける。
家族サービスも欠かさない。
妻以外の女性からの行き過ぎた誘惑も断れる良識がある。

ご立派な男と各女性達との相性

どの女性とも加、足し算となる。

ご立派な男　＋　男話の女

（＋1）　＋　（−1）　＝　0

恋愛の算式の結果の和から自己の数を引いた満足度は、

ご立派な男にとってみれば、

0　−　（＋1）　＝　−1

男話の女にとってみれば、

0　−　（−1）　＝　1

かなり差がある

ご立派な男にとって、男話の女は、おとなしく指示待ちで、気を遣って余分なことをしないようにして付き従っているのが、物足りなく感じるのかもしれない。

一方、男話の女にとって、ご立派な男と付き合うのは、友人からはうらやましがられるが、堅苦しいと感じるかもしれない。

ご立派な男　＋　ご立派な女

（＋1）　＋　（＋1）　＝　2

恋愛の算式の結果の数値としては、最大値の2となる。

恋愛の算式の結果の和から自己の数を引いた満足度は、

2　－　（＋1）　＝　1

男女とも満足度は、1であり、満足できるものである。

ご立派な女が、まず結婚の対象として考える男は、自分と同類のご立派な男である。

最強の組み合わせを考える。

鬼に金棒。

ご立派な女は、才色兼備《さいしょくけんび》。

ご立派な男の真摯《しんし》な気持ちは、女性に伝わりやすい。

「まずは友達から」、付き合いを始め、時間をかけて愛を育《はぐく》む。

もたれあい、依存することを嫌い、緊張感を持って刺激し合って幸せな家庭を築き上げていく。

切磋琢磨《せっさたくま》。

ご立派な女は、こう考える時があるかもしれない。

（もし真のご立派な男が自分のことを好きなら、必ず行動を起こすはず。

それがないということは自分に気がないということ。

好きだけど、このご立派な男はあきらめよう）

その一方、告白してきた男性は、ご立派な男に見えるかもしれない。

本当は、男話の男や女話の男かもしれないが。

ご立派な女は、自分の好み以外の告白しそうな男性からは賢く距離をおいて、

「ごめんなさい」

ご立派な女にとって、名乗りを上げた男の中から恋人候補を探し始め、最後まで残ったご立派な男が恋人、結婚相手へと昇格する。

恋愛のトーナメントに勝ち残った男が、人生の伴侶《はんりょ》としての栄誉を得ることとなる。

理想の相手と未来が描けるか、慎重に吟味して、品定《しなさだ》め。

結婚の形態は、親友夫婦。

だが、相手が親友としてとても受け入れられない行動をとった場合は、……

ご立派な女は、自分の理想とする完璧《かんぺき》な妻を目指し続ける。

良妻賢母《りょうさいけんぼ》。

ご立派な男　＋　女話の女
(+1)　＋　0　＝　1

女話の女にとって、ご立派な男は、常に結果を出している男であり、駆け引きをしたり、策を弄《ろう》たり、嫉妬心をあおったりして、なんとしてでも、つかまえたい男である。

ぜひとも乗りたい玉の輿《こし》。

ご立派な男としては、英雄色を好む。

女話の男

ゼロ

0

見栄が大事である。

本来、女話の男を演じていくには、莫大な財産か収入が必要であるが……

調子のいい奴である。

男話の男とは、話が合わない。

女話の男の恋愛観

女性の歓心を買うために派手である。

自分が相手を好きなことを示せば、相手が自分を好きになってくれるという考えの信奉者である。

従属事象。

女性にとって、ご立派な男とともに人気があるタイプである。

口説き文句は、美辞麗句《びじれいく》と大言壮語《たいげんそうご》。

時間が経てば、他の女性に目移りしていく。

恋愛の算式でのそれぞれの差は、引く数の人の満足度を示す。

二人の差の合計は、常に0となる。

女話の男と各女性達との相性

男話の女 – 女話の男 + 女話の男 – 男話の女

$\{(-1) - 0\} + \{0 - (-1)\} = 0$

女話の男の満足度は、

$(-1) - 0 = -1$

女話の男にとって、男話の女は地味過ぎて自分に合わないと思っている。

男話の女の満足度は、

$0 - (-1) = 1$

言い寄ってくる男は、うれしいものではあるが、……

ご立派な女 – 女話の男 + 女話の男 – ご立派な女

$\{(+1) - 0)\} + \{0 - (+1)\} = 0$

女話の男の満足度は、

$(+1) - 0 = 1$

女話の男は、ご立派な女の足を引っ張る。

髪結いの亭主。

ご立派な女の満足度は、

$0 - (+1) = -1$

女話の男を気取る男の甘言《かんげん》に惑《まど》わされる。

女話の女 − 女話の男 ＋ 女話の男 − 女話の女

$(0 - 0) + (0 - 0) = 0$

女話の男、女話の女とも満足度は、0。

見栄で結びついている。

金の切れ目が縁の切れ目。

女話の女は、富と名声を持っている男こそ自分にふさわしいと考える。

その後は、尻に敷く。

結婚形態は、仮面夫婦。

多種多様な恋愛模様

同じ数のもの同士の組み合わせは、

男話の男　×　男話の女

$(-1) \times (-1) = 1$

ご立派な男　＋　ご立派な女

$(+1) + (+1) = 2$

女話の女　−　女話の男　＋　女話の男　−　女話の女

$(0 - 0) + (0 - 0) = 0$

当事者は、それぞれの算式の結果に納得でき、それぞれの満足度が一致していて、安定している。

似た者夫婦。

例外はある。

芸術家は、こだわり人間で、通常マイナス1である。

(−1)

芸術家同士の組合せは、双方のこだわり、双方の芸術を極めることを優先するなら、掛け算のはずである。

しかし、二人とも欲張りで、それぞれの芸術を極め、さらにお互いの関係も最良の関係を目指すということで、ご立派な人間同士の関係を目指したくなる。

計算式が、男話の男、こだわり人間の掛け算からご立派な人間の足し算となり

$(-1) + (-1) = -2$

二人の満足度は

$-2 - (-1) = -1$

でマイナス1となり、二兎《にと》追うものは一兎《いっと》をも得ず。

自分の数が違うタイプのカップルの場合、個別の数から結びつく恋愛の算式が一致せず、複数の計算式が考えられる時がある。

最後には、力関係で恋愛の算式が決まる。

例えば、男話の男とご立派な女の場合である。

男話の男の掛け算なら

男話の男　×　ご立派な女

(−1)　×　(+1)　＝　−1

男話の男の掛け算からご立派な女の足し算に代わると

ご立派な女の足し算なら

男話の男　＋　ご立派な女

(−1)　＋　(+1)　＝　0

男話の男にとって、

男話の男の算式での満足度は、

$$-1 - (-1) = 0$$

ご立派な女性の算式での満足度は、

$$0 - (-1) = 1$$

付き合えただけでも満足となる。

　ご立派な女にとっては、
男話の男の算式での満足度は

$$-1 - (+1) = -2$$

ご立派な女の算式での満足度は、

$$0 - (+1) = -1$$

で、マイナス2またはマイナス1となってしまう。

　満足度が、マイナス2というのは、これらの算式の中では、最小値である。
ということで、最後は、男話の男は、愛想を尽《つ》かされ、女の方から、三行半《みくだりはん》。

もう一例。

ご立派な男と女話の女の組み合わせの場合である。

ご立派な男が、女話の女の甘く危険な香りの誘惑に負けて、骨抜きになり、堕落する。媚《こ》びを売られ、手玉《てだま》にとられ、虜《とりこ》となる。

ご立派な男の本来の足し算なら

ご立派な男　＋　女話の女

（＋1）　＋　0　＝　1

だが、女話の女の引き算に代わると

女話の女　－　ご立派な男　＋　ご立派な男　－　女話の女

｛0　－　（＋1）｝　＋　｛（＋1）　－　0｝　＝　0

ご立派な男の算式での満足度は、

1　－　（＋1）　＝　0

女話の女の算式での満足度は、前半部分の

0　－　（＋1）　＝　－1

で満足度は、ゼロからマイナス1と下がり、火遊び。

一方、女話の女にとっては、
ご立派な男の算式での満足度は、
1　－　0　＝　1
女話の女の算式の満足度は、後半部分の
(+1)　－　0　＝　1
ご立派な男が、満足度が下がるのに対して、女話の女の満足度は変わらない。
傾国《けいこく》の美女、魔性の女、悪女。

さまざまな例で、男と女の一方が損する立場でも続けているのは、惚《ほ》れたものの弱み。

男話の男と書いてきたが、打ち込む物があるこだわり人間になることは、女性でも変わりない。

その場合は、こだわりのある女性の行動パターンは、男話の男と同じとなる。

次のページの表は、男の算式を優先した場合であり、女の算式を優先する場合は、男と女を入れ替えて下さい。

	加 ＋ ご立派な 男 +1		減 − 女話の 男 0
恋愛の和	0	恋愛の差	0
男満足度	-1	男満足度	-1
女満足度	1	女満足度	1
恋愛の和	2	恋愛の差	0
男満足度	1	男満足度	1
女満足度	1	女満足度	-1
恋愛の和	1	恋愛の差	0
男満足度	0	男満足度	0
女満足度	1	女満足度	0

恋愛の算式				乗 ×
				男話の 男
				-1
男話の	女	-1	恋愛の積	1
			男満足度	2
			女満足度	2
ご立派な	女	+1	恋愛の積	-1
			男満足度	0
			女満足度	-2
女話の	女	0	恋愛の積	0
			男満足度	1
			女満足度	0

実用編

実際の人間を単純に分類できるわけはない。

一人の男に男話の男の面もあれば、ご立派な男の面もあり、女話の男の面もある。

十人十色。

相手の女性によって、出る面が変わるかもしれないし、場面によって変わるかもしれない。

千差万別。

例えば、玉の輿《こし》に乗る。

女話の女が、乗りたいのは、ご立派な男の玉の輿。

女話の女の満足度は、

$(+1) - 0 = 1$

一方、ご立派な男が、選ぶのは男話の女である。

$(+1) + (-1) = 0$

ご立派な男の満足度は、

$0 - (+1) = -1$

だが、自分と一緒になることによって、ご立派な女への変身を期待しているわけである。

(+1)　+　(+1)　=　2

ご立派な男の満足度は、

2　−　(+1)　=　1

もう一例。

男女のそれぞれの恋が終わる。

女性は、明るく前向きに次善策としての同じタイプのご立派な男へと向かう。

女心と秋の空。

一方、男は、恋愛の対象をご立派な女や女話の女から男話の女へ切り替える。

男心と秋の空。

相性によって、それぞれの立場が変わり、自身の数が決まり、結果の数値が変化していく。

加齢でも変わっていく。

男話の女が、ご立派な女に変身した場合、男話の男もご立派な男に変身して、お互いに数が1で一致していけば問題ない。

しかし、なかなか男話の男からご立派な男への変身は難しい。

女性は、男話の女からご立派な女、さらに女話の女への大変貌《だいへんぼう》もあるかもしれない。

その場合、果たして男は、……

新しい男女の登場

世は、男話の世の中から女話の世の中を経て、新時代へと変化していく。

光陰矢の如し。

科学技術の発達により、新しい男と新しい女の登場となった。

男と女の個の素である「ひとり」を漢字で書くと「一人」となる。

「一人」という熟語の一の字は、尖っているが、時が経つにつれ何かと人と交わり、社会と交わり、角がとれて丸くなっていく。

やがて点となり、人という字と結びついて、アルファベットのｉの筆記体を形作る。

よって、ｉ人間の登場となる。

一人

i

i人間の登場

昔は、家事に膨大な時間が必要で、専業主婦でなければ務まらなかった。

女性が活躍する場も限られていた。

内助の功。

女性が外とのつながりを持ちにくく、こだわりが生じにくいことを示している。

それが今、家事の省力化、省時間化が可能となった。

炊事、洗濯、掃除、それぞれの家電製品やその他サービスも急速に発達した。

各種届出や証明書の取得のために役所や支払他のために金融機関への外出もオンライン化・二十四時間化となり、様変わりした。

その過程で、主婦が「三食昼寝付き」の状態もあったかもしれないが。

今やインターネットを通じて様々な形で社会参加できる。

家に居ながらにして見聞を広め、交友関係を広め、連絡を取り合い、こだわりを探究することが可能になった。

特定のジャンルでの仲間集め、世界中から情報収集、文字情報だけでなく、絵、デザイン、音楽、動画、巨大なデータの交換が可能となり、活躍する機会や場所が広がった。

こだわり人間のコミュニケーションの質と量が、無限大となった。
昔と比べて、まさに本人が瞬間移動しているのと変わらなくなった。
昔は、「こだわり人間」は、圧倒的に男が多かった。
今は、自宅にいながら物事を進め、それぞれが家庭で社会活動できるようになった。
男女平等の時代なので、性別を問わずこだわり人間が誕生することとなった。
こうしたことによって、ｉ人間の社会が形成されることとなった。

ｉ人間の恋愛の算式

ｉ人間同士の恋愛には、乗加減どの計算式も結びつく。

ｉといえば、恋愛の世界では、「愛」であり、数学の世界では、複素数の分野の虚数のｉである。

ｉの二乗は、マイナス１である。

$$i^2 = -1$$

そのことを踏まえて、恋愛の算式を考えると、乗、掛け算では、

$$i \times i = -1$$

となる。

ｉ人間では、男女それぞれにこだわりが生まれている。

ＩＴが発達しても、こだわり重視の人間同士の掛け算、乗の関係は難しいということである。

例えば、お互いのメモの山が混ざり合ったり、ひらめきそうな瞬間の会話中の上の空をお互いに指摘し合ったりして、いさかいの元になるからである。

両雄並び立たず。

引き算では

$$(i-i)+(i-i)=0$$

となる。

虚数の差で無になり、ゼロに帰する。

虚無。

そして、足し算では、

$$i+i=2i$$

となる。

はてさて、2・iとはどのような数値なのだろう。

2・iは、「にあい」と読むので、お似合いの夫婦。

2・iは、無限大の可能性を秘めていて、これからの夫婦の形の一つかもしれない。

恋愛の算式		乗 ×		加 +		減 −
		i		i		i
i	恋愛の積	-1	恋愛の和	$2i$	恋愛の差	0
	男満足度	$-1-i$	男満足度	i	男満足度	0
	女満足度	$-1-i$	女満足度	i	女満足度	0

恋愛の算式早見表

恋愛の算式	乗 ×	加 +	減 −
	−1	+1	0
−1	1	0	0
	2	−1	−1
	2	1	1
+1	−1	2	0
	0	1	1
	−2	1	−1
0	0	1	0
	1	0	0
	0	1	0

恋愛の算式	乗 ×	加 +	減 −
	i	i	i
i	−1	$2i$	0
	$-1-i$	i	0
	$-1-i$	i	0

引き際《ぎわ》

もし彼女と運よく仲良くなれたとしてもその後、聞くのが辛い言葉がある。

「もうこれ以上、会うのは、やめましょう」

「あなたの顔なんかもう見たくないわ」

これらの言葉が彼女の口から発せられる事態はどんなことをしても絶対に避けたい。

たとえ、その前に本当のお別れとなったとしても。

まずは、時間を稼いで何とか経験を積み、自分でもあるかわからない、自らの成長や変身を試みる。

しかし、結局、男話の男に成長や変身はあり得ず、彼女の好きなタイプのご立派な男にはなれなかった。

結果として、単なるひとりよがりの自己満足の背伸びしかできなかった。

私の気持ちは、一生変わらないと思っていても、彼女が私を好きになることはなさそうな場合は、……

片想いには、はっきりしたお別れも必要ない。

去る者は日々に疎《うと》し。

見届け

男は引き際が肝心と思っていたが、もし彼女と会わなくなってから、その後の彼女の人生が、万が一うまくいっていないとわかったら、落ち込むどころではないだろう。

今から考えると、自分でも気づかないうちに、危ない橋を渡る。

ということで、世の中の女性には幸せになっていただかないと周囲の男性陣は、やきもきするわけである。

特に、自分にとって大切な女性には。

女性にとっては、要らぬおせっかい。

大きなお世話。

失恋の算式

青春の一途な想いで、本人にとって忘れられない恋かどうかは体感的に、わかっている。

割り切れない想いは募るばかりである。

そこで、除、割り算の登場となる。

割り算は、

割られる数　＝　割る数　×　商　＋　余り

例えば、二十歳ごろに、思い出に残る恋をする。

失恋の想いの対象となる年数は、人生八十年から二十歳を引いて六十、割られる数となる。

想いの大きさはいつまでも変わらず常に六十となる。

忘却しようとするエネルギーは、二十歳をピークとして六十から漸減《ぜんげん》していき、割る数となる。

商は、人生の実り。

その余りが、心残り、未練となる。

四十九歳まで余りが大きくなっていき、五十歳を初めとして人生の節目で0となり、余生では、0で落ち着く。

69　恋愛の算式

	割られる数	割る数	商	余り
年齢	変わらぬ想いの量	忘却エネルギー	人生の実り	心残り
20	60	60	1	0
21	60	59	1	1
22	60	58	1	2
23	60	57	1	3
24	60	56	1	4
25	60	55	1	5
26	60	54	1	6
27	60	53	1	7
28	60	52	1	8
29	60	51	1	9
30	60	50	1	10
31	60	49	1	11
32	60	48	1	12
33	60	47	1	13
34	60	46	1	14
35	60	45	1	15
36	60	44	1	16
37	60	43	1	17
38	60	42	1	18
39	60	41	1	19
40	60	40	1	20
41	60	39	1	21
42	60	38	1	22
43	60	37	1	23
44	60	36	1	24
45	60	35	1	25
46	60	34	1	26
47	60	33	1	27
48	60	32	1	28
49	60	31	1	29
50	60	30	2	0
51	60	29	2	2
52	60	28	2	4
53	60	27	2	6
54	60	26	2	8
55	60	25	2	10
56	60	24	2	12
57	60	23	2	14
58	60	22	2	16
59	60	21	2	18
60	60	20	3	0
61	60	19	3	3
62	60	18	3	6
63	60	17	3	9
64	60	16	3	12
65	60	15	4	0
66	60	14	4	4
67	60	13	4	8
68	60	12	5	0
69	60	11	5	5
70	60	10	6	0
71	60	9	6	6
72	60	8	7	4
73	60	7	8	4
74	60	6	10	0
75	60	5	12	0
76	60	4	15	0
77	60	3	20	0
78	60	2	30	0
79	60	1	60	0
80	60	0	?	?

とはいえ、女性の場合は、ちょっと違うのではないかと思う。

何といっても割り算は、

割られる数　／　割る数　で　分数で表すことができる。

分数にすれば　常に余りは出ない。

つまり、心残りはない。

仮分数になり、分子　と　分母　の関係になる。

子のことが常に頭をもたげているのである。

つまり、子と母の関係になり、余りの生じる余地、未練にかまっている場合ではないのである。

帯分数にすれば、さらに分数の部分は小さくなり気にならなくなる。

71　恋愛の算式

	割られる数	割る数	割られる数/割る数	
年齢	変わらぬ想いの量	忘却エネルギー	人生の実り	
			分子 / 分母	
			仮分数	帯分数
20	60	60	60/60	1
21	60	59	60/59	1+1/59
22	60	58	60/58	1+1/29
23	60	57	60/57	1+1/19
24	60	56	60/56	1+1/14
25	60	55	60/55	1+1/11
26	60	54	60/54	1+1/9
27	60	53	60/53	1+7/53
28	60	52	60/52	1+2/13
29	60	51	60/51	1+3/17
30	60	50	60/50	1+1/5
31	60	49	60/49	1+11/49
32	60	48	60/48	1+1/4
33	60	47	60/47	1+13/47
34	60	46	60/46	1+7/23
35	60	45	60/45	1+1/3
36	60	44	60/44	1+4/11
37	60	43	60/43	1+17/43
38	60	42	60/42	1+3/7
39	60	41	60/41	1+19/41
40	60	40	60/40	1+1/2
41	60	39	60/39	1+7/13
42	60	38	60/38	1+11/19
43	60	37	60/37	1+23/37
44	60	36	60/36	1+2/3
45	60	35	60/35	1+5/7
46	60	34	60/34	1+13/17
47	60	33	60/33	1+9/11
48	60	32	60/32	1+7/8
49	60	31	60/31	1+29/31
50	60	30	60/30	2
51	60	29	60/29	2+2/29
52	60	28	60/28	2+1/7
53	60	27	60/27	2+2/9
54	60	26	60/26	2+4/13
55	60	25	60/25	2+2/5
56	60	24	60/24	2+1/2
57	60	23	60/23	2+14/23
58	60	22	60/22	2+8/11
59	60	21	60/21	2+6/7
60	60	20	60/20	3
61	60	19	60/19	3+3/19
62	60	18	60/18	3+1/3
63	60	17	60/17	3+9/17
64	60	16	60/16	3+3/4
65	60	15	60/15	4
66	60	14	60/14	4+2/7
67	60	13	60/13	4+8/13
68	60	12	60/12	5
69	60	11	60/11	5+5/11
70	60	10	60/10	6
71	60	9	60/9	6+2/3
72	60	8	60/8	7+1/2
73	60	7	60/7	8+4/7
74	60	6	60/6	10
75	60	5	60/5	12
76	60	4	60/4	15
77	60	3	60/3	20
78	60	2	60/2	30
79	60	1	60/1	60
80	60	0	?	?

恋愛の確率

順列

素敵な人となるべくたくさんの時間を過ごし、たくさんの思い出を作ることこそが幸せだと思う。

場合分けしてみる。

最初に一番好きになる人に出会い、二番目以降にそれなりに好きな人に出会った場合。

一番好きな人とそのままうまくいけば、二番目以降にそれなりに好きな人が後から現れても大丈夫。

一番好きな人とうまくいかなくても、二番目に好きな人とうまくいけば、それで大丈夫。

ということで、一番好きになる人には、なるべく早く出会った方がいいことには変わりない。

早い者勝ち。

その意味において、重要なのが、初恋。

もっとも出会った当初は、人生の中で何番目に好きかはその時点ではわからないかもしれないが。

組み合わせ

無数に男と女が存在している世の中、今現在夫婦二人が幸せを感じることが長く続いているということは、その相手との組み合わせが最適であるということである。

そして、そのことをもって、他の異性の人とはうまくいかないだろうということは、証明されている。

背理法。

もともと、男と女が夫婦となって、それぞれがそれなりに、たとえ単なる勘違いの積み重ねであったとしても、幸せを感じることが日々続いていき、年月を重ねていく確率は、あまり高いものではないと母子家庭出身者の私には思えるのである。

やがて、いかに難しいか気づく、平々凡々。

相性診断

目の前にいる男とうまくいくかどうかは、女性はすぐに気が付くような気がしてならない。

男が話す冗談、しゃれ、ジョークで笑えるか、話が弾んでいるかどうかである。

男から見ると、女性の愛想《あいそ》笑いや苦笑いが、その本心を見えにくくしている。

女性にとって、男の自慢話は、いずれ、うぬぼれ過ぎを感じ、あきれて沈黙し出すだろう。

とっさに口から出てしまった皮肉や強がりや負け惜しみが通じず、言質《げんち》を取られたりする。

だれにでもある勘違いや思い違いの時に、遠慮なく指摘でき、指摘された方もその後、気兼ねすることなく次の発想に向かうことができるかどうか。

忠告が小言に聞こえ、はげましは嫌味に聞こえたら……

嫉妬心を起こさせないように気遣いできるか……

ということで、会話が、以心伝心、それとも、売り言葉に買い言葉。

同じ言葉であっても、笑いが起こるかストレスになるかでは、天国と地獄。

お互い気疲れせず、お互いの価値観や人生観を理解し合えているか。

自分も相手も年をとり、お互い変わっていく。

気が合う確率はそう高くない。

ましてや、相思相愛……

一緒にいる時に、もし、違和感や不信感を感じるのなら、むしろ、その感触に意味を求めた方がいいように思う。

でも、恋は盲目。

二十数年後の真実

妻から私と結婚する時に聞かされていたことを思い出した。

妻の親戚は、みんな反対であったらしい。

書類の関係上、式を挙げずに、同棲《どうせい》から始まる生活になることに反対していたのだった。

妻は反対が気にならなかった。

親戚の方々は、私の分類でいうところのご立派な男女であった。

妻のことを思っての発言の真意には納得していた。

やっぱりご立派な男女には、男話の男のことは、理解できなかったと思った。

そのことを思い出して、やる気がみるみるわいてきた。

そこで、その話をして、妻にこう言った。

「久しぶりにやる気がわいてきたぞ。人生最後までもう少し頑張ってみるか。さあ、やるか」

すると、妻はこう答えた。

「全く親戚の言う通りだったわ。やっぱり、結婚やめとけば、よかった」

後の祭り。

（今のところ、私の場合、心置きなく笑うところです）

家での会話

会社の飲み会で、家庭の様子のことを聞かれ、最近妻からこう言われたと正直に言った。

「失われた二十年だったわ」

すると、聞いていた人達は、しーんと静まり返ってしまった。

あまりに全員でのしんみりした様子にこうは言えなかった。

(私の家族の話の場合、ここ大笑いするところなんですけど)

妻の一言

実家で、かなり前に購入した折りたたみデッキチェアをベランダに出して、本を読んでいた。

すると、突然、支えていた布地の部分が切れ、十センチ以上ある高さからアスファルトの地面へ落下し、尾てい骨を直撃した。

まるで亀がひっくり返って自分の力では起き上がれないような感じで、痛くてしばらく手足をばたつかせ、もがいていた。

そのことを帰ってから、家族に話すと子供達は大笑いしていたが、妻は、表情を変えずにこう言い放った。

「バチ、当たった」

溜飲《りゅういん》を下げる。

金銭感覚

「お金って怖いわ、あってもけんかするし、なくてもけんかするし」

と妻が言った。

もちろん、うちはなくてけんかする方である。

夫婦喧嘩は犬も食わない。

真の愛妻家

真の愛妻家とは、奥さんをいつまでも素敵な女性のままでいさせることを実現している大変ご立派な御仁《ごじん》のことである。

奥さんが多少ふくよかにはなっていても、決して幸せ太りさせることもなく……

私の妻は出会った時には、すでに太っていたと思うが、本人の話では、今の状態になったのは、私と一緒に暮らして感じているストレスが原因だそうである。

そのわりに、よくこう言っている。

「あなたの給料では、おなかいっぱいにならないわ」

母国語で言うから、私の脳で訳す作業に時間がかかり、直接心に響いては来ない。

馬の耳に念仏。

義理の父、義理の兄弟

一人で、妻の外国の実家にお邪魔していた時だった。

夜、ビールを出され、一人、いい気分で酔っぱらっていた。

私の旅行カバンを置いてある部屋に行くと、妻の家族が、私のカバンをいじっていた。

一瞬でカッとなり、伝わるように、はっきりと叫んでいた。

「なんで、人のカバンをいじっているんだ。そんなことをするのはどろぼうと一緒だよ」

帰って来てから妻にその話をすると、妻はこう言った。

「何言っているのよ。次の日、朝早く空港に向けて出発なのに、あんたが、酔っ払って何も支《し》度《たく》しないから、私が父や兄に頼んだのよ」

知らぬ顔の半兵衛《はんべえ》。


叫んだ次の日、帰国に向けて出発の時、義理の兄が、後でお腹がすくだろうと、ハムをはさんだパンを持たせようとしてきた。

飛行機内で食事が出るからいいと断り続けたのに、無理やりバックにくくり付けられ持たされた。

地方空港から出発して、国際空港の出国審査を終えた待合室でも食べきれず、食べ物を捨てることができないまま、手荷物で持っていた。

その後、トランジットの入国審査の列に並んでいる時、麻薬犬が近づいてきた。

かわいい小型犬が、なかなか私の手荷物から離れようとしなかった。

若い女性の職員が、気まずそうにかばんの中身を見せてほしいと言ってきた。

入国審査の列に並ぶ人の数は、かなり少なくなっていたとはいえ、カバンを開けてつっこんであった荷物を見せたりして恥ずかしい思いをした。

もちろん、何も見つからなかった。

機内に乗り込んだ後、しばらく考えていると、あの別れ際無理やり持たされたパンのハムに、反応していたらしいという結論に達した。

家に着いた時、真っ先に帰りの機内での感情を妻に伝えたことは言うまでもない。

怒髪《どはつ》天を突く。

恋の質問

「お父さん、今まで好きになった人は何人いた」

と娘が、きいてきた。

こう答えた。

「まずは、おかあさんだろ。他に、もしできるのなら、女話の男を演じてもいいかなと思わせるほどの魅力的な子だろ。その二人だけかな。今でも期待を裏切られたことはないな」

続けて、こう言った。

「あと、他に気になった子が、二、三人」

さらに、こう言った。

「ほかにかわいいなと思った子は……。そういえば、今日電車で見かけた子なんて……」

出会いとその後

運命の人と出会う確率を高めるために、出会った時のときめきは、大切にすべきである。

袖振り合うも多生の縁。

やがて訪れるかもしれない、好きな人が困った時に、そばにいてあげることができた人が、
つかむことができる、千載一遇《せんざいいちぐう》の好機《こうき》。

それこそが、恋愛の試金石《しきんせき》。

とはいえ、何かとすぐに慌てる、肝心な時にはいつも役立たずの私に出番はない。

恋愛のヴェン図

さまざまな条件に含まれる男が、女性に愛される対象となる。

出会いも条件に含まれる。

さまざまな条件の円や楕円《だえん》を加えていくと、面積が小さくなってくる。

ある条件は気にならなくなってはずれていき、新たな条件の円が加えられるかもしれない。

最後に形作られるのは、ハート型となる。

針の穴のように小さいかもしれない。

条件の円は、日々動いている。

動円である。

中心は動く的《まと》である。

ご立派な男は、初めから条件の円の中心にいる。

女話の男は、見た目の条件をそろえて女性のハートを射止めようとするであろう。

男話の男は、条件の円の外で、的外れ。

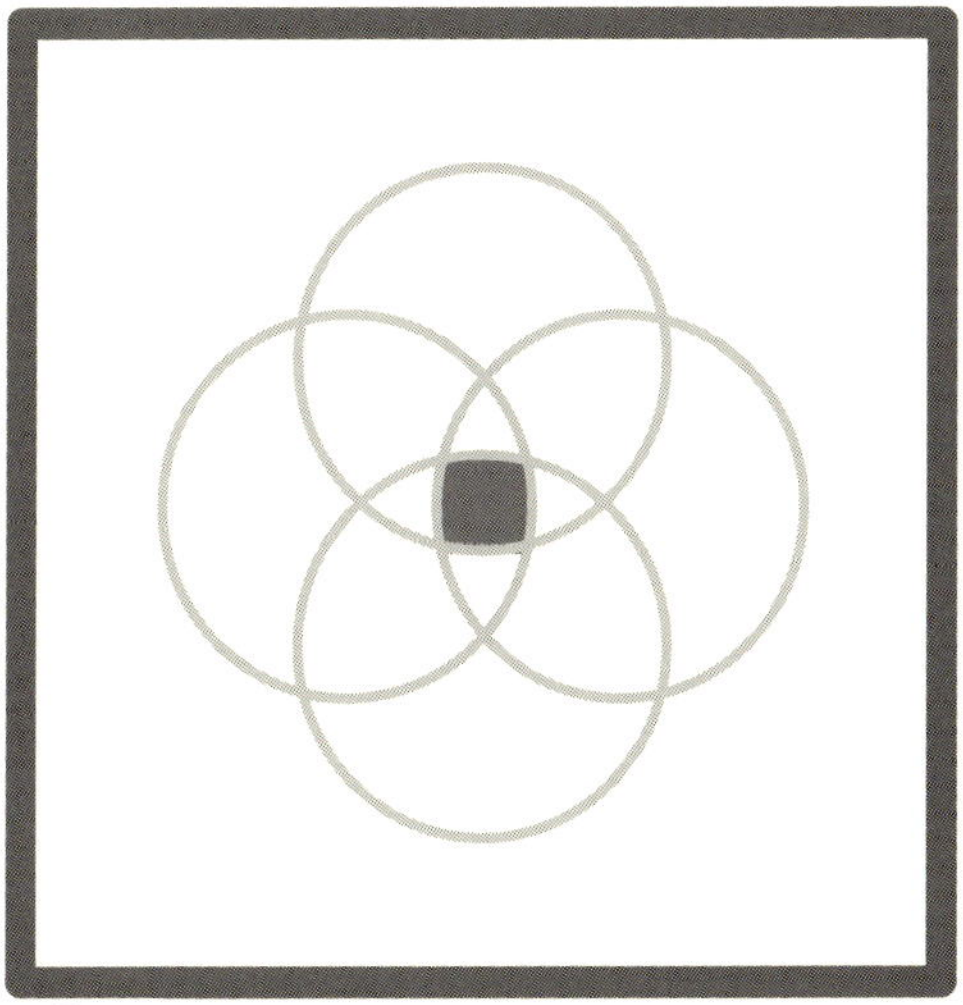

©

©

恋愛の幾何学

忘れられない夢

彼女が夢に出てきてくれた。

二人で高級ホテルの立食式パーティーに参加していた。

彼女は、素敵な服を着ていて、私もめずらしくそれなりの服装だった。

いくつかあるテーブルの一つのそばで、飲み物を片手におしゃべりをしていた。

彼女が、こう言った。

「もしあの後、そのまま付き合っていたら、今はもう十年になるのにね」

(あくまでも夢の中の会話です)

その言葉を聞いて、改めて、こう思った。

(今はもう完全に別れているのだな)

そして、彼女が身に着けていたかなり大きい高価そうなヒスイをあしらった最新式のブレスレットの新機能の話をしたりして、大いに盛り上がった。

パーティーの終わりごろ、彼女とさよならをして別れた。

その後、パーティー会場のバルコニーへ出て外を見ていた。

遠くの駅のホームで人込みの中、彼女が電車を待っているのが見えた。

電車が来て、それに合わせていっせいに人々が動き出し、一瞬で彼女を見失い、首を上下左右に動かして懸命に探している時だった。

突然、横から声がして、こうきいてきた。

「今、ちゃんと見ることできたの。あの人、こっちの方に、ちょこっと頭を下げていたわ」

妻の声だった。

始めからずうっと私の横にいたらしい。

おお、恐《こわ》、怖《こわ》、桑原《くわばら》、桑原《くわばら》。

恋愛図

この夢を♂　と　♀　の関係図で表してみたくなった。

三角関係ならぬ三角関数

男一人女二人それぞれを頂点とした直角二等辺三角形の関係を考える。

好みの男性からの接近があれば、対象となった女性は、はっきりした形で自分から寄っていく方がいいかもしれない。

相手の視線に近づくのがいいと思うが、本人がそれに気づくかどうかは、……

駆け引きして意中の男を思い通りに引き寄せたとしても、鈍角三角形になり、脇見の角度になる。

感性が鈍くなる。

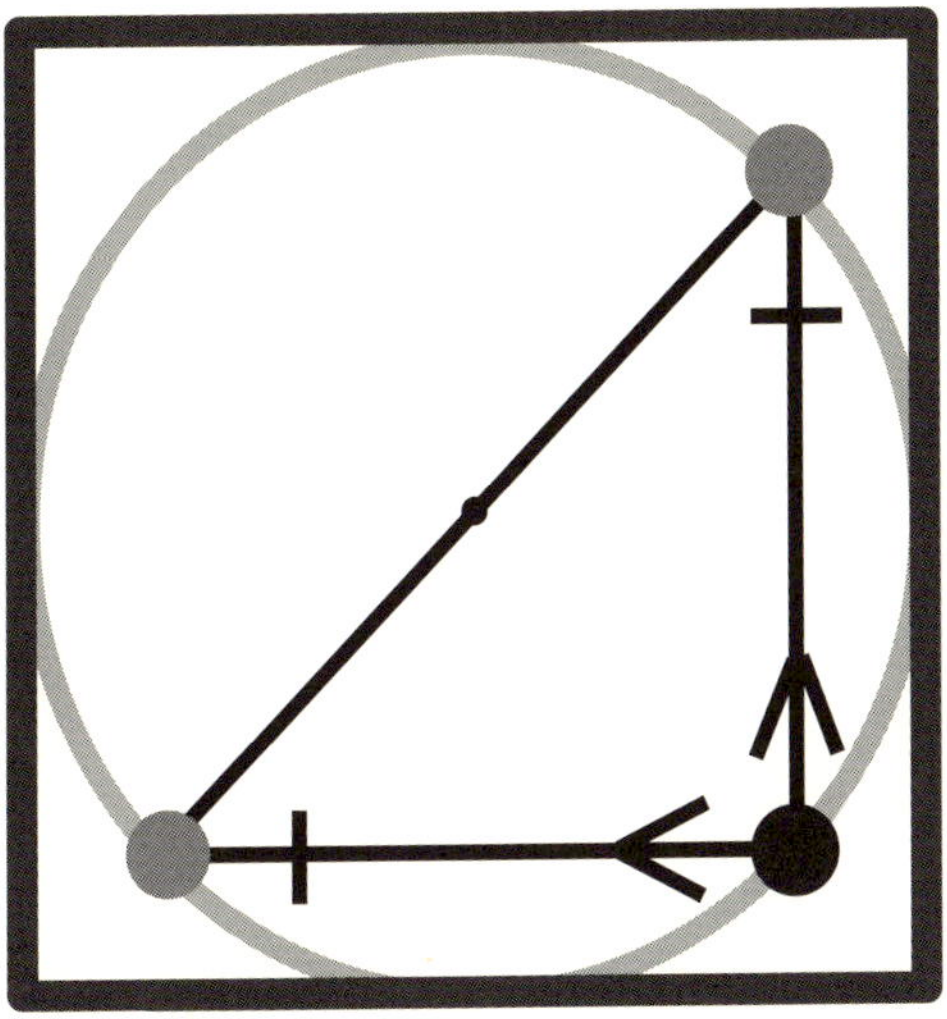

ⓒ

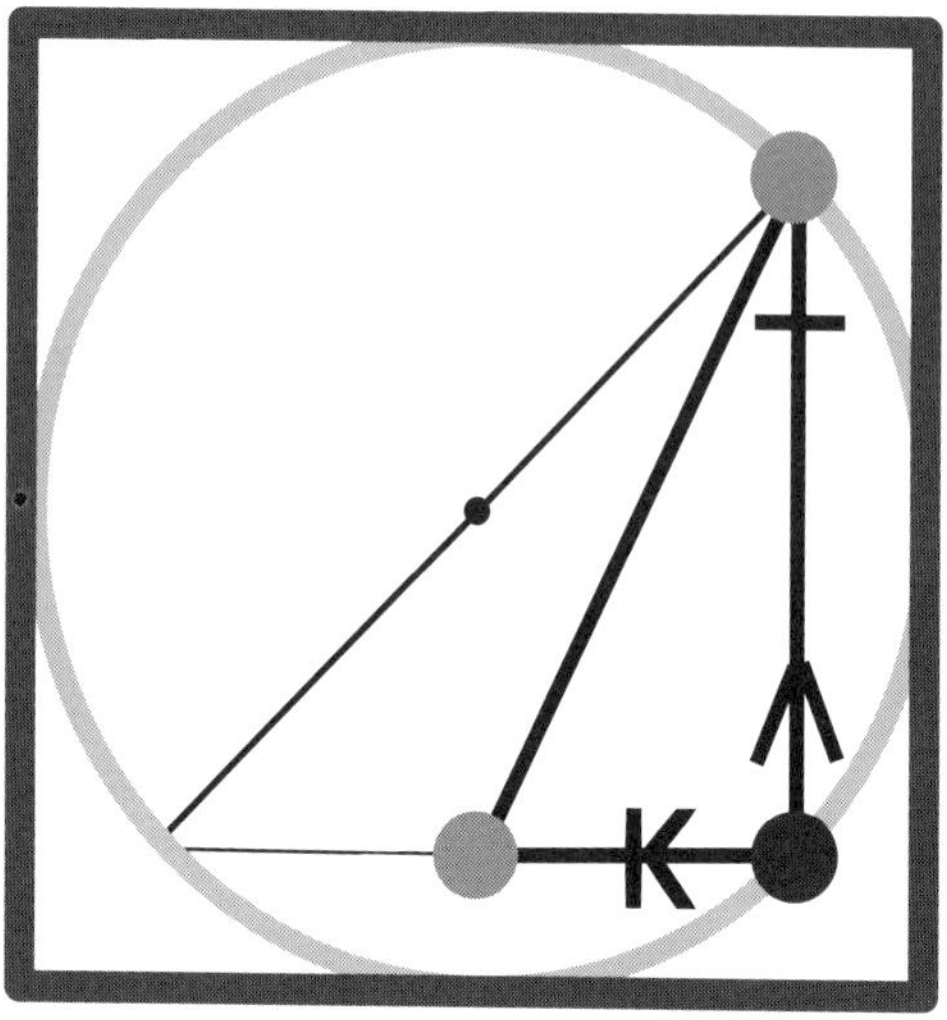

Ⓒ

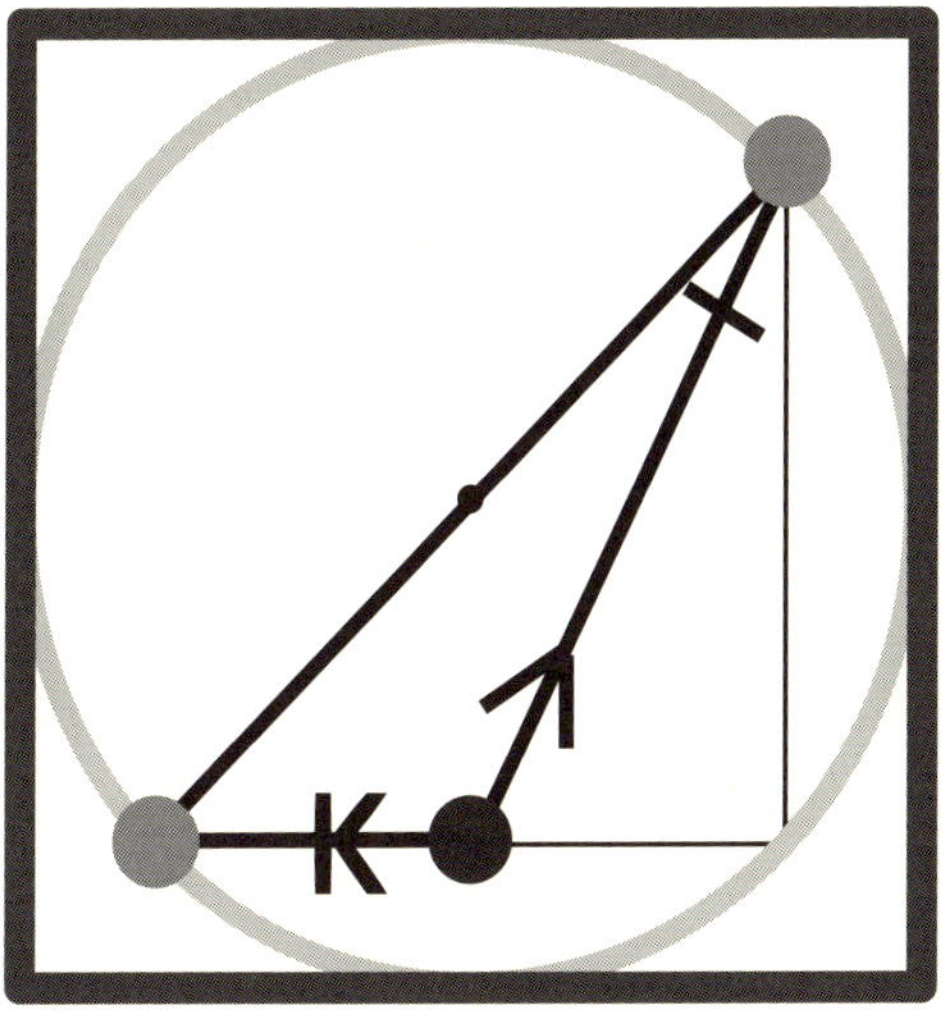

Ⓒ

グループ交際

男女のグループの中で、男がどの女性にやさしくしているかで、その男がだれに気があるのか、他の女性は察することができる。

男は、好きな女性に磁石のように引き寄せられているはずである。

いつも同じ人の近くにいるということは、おそらく……

しかし、男が一方的に好きでも相手の女性次第で付き合うか、その後があるかどうか決まる。

他の女性が自分の秘めた恋が脈なしと見るかは、本人次第。

一人の異性に人気が集中するという事は、自分に合った相性の人が見つかる確率が高まる。

一人のご立派な男に人気が集中すると、他の男をゆっくり選べることになる。

残り物に福。

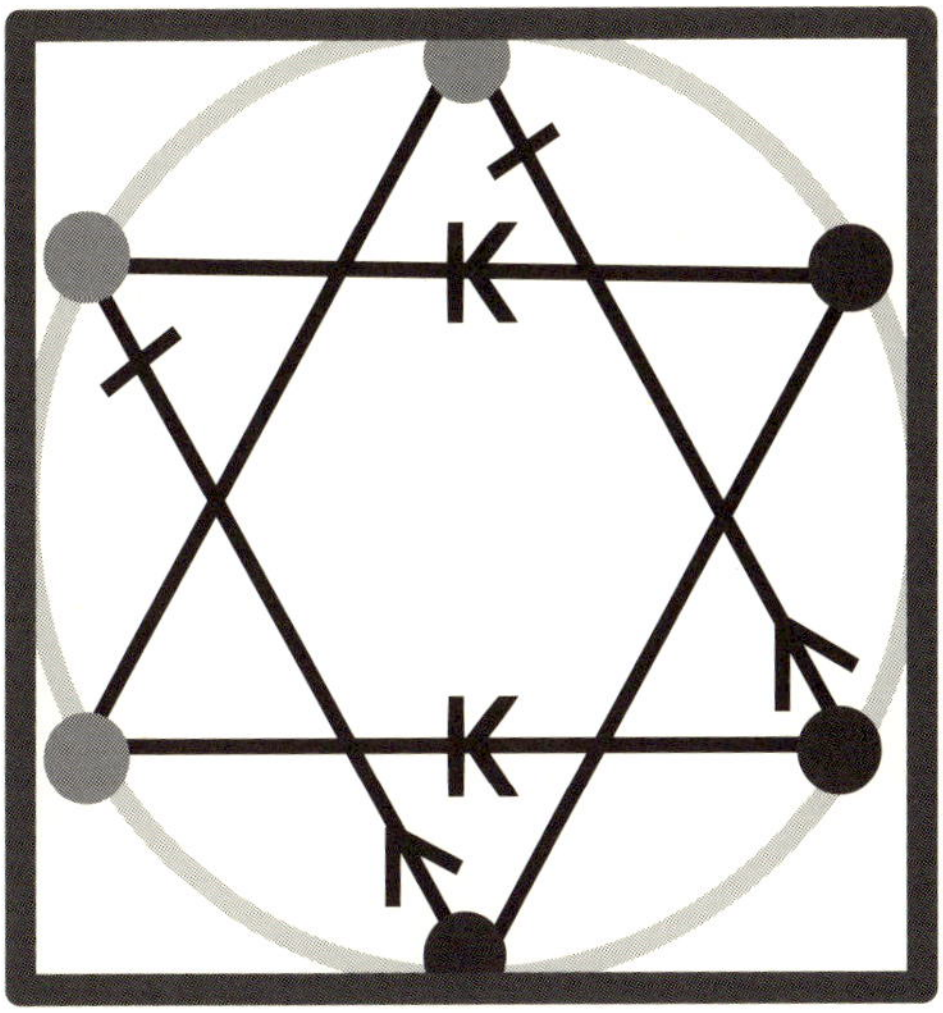

Ⓒ

二組の男女関係

男女の関係において、お互いの気持ちは、はっきりとはわからないわけで、錯覚が生じるのである。

自分の周りの異性との関係が錯覚、数学でいう錯角が同じものなら、それぞれの男女の関係は、常に平行線であるわけで、交わることはない。

しかし、それぞれの描く錯覚が異なり、錯角の角度が違っていた場合、平行線が崩れていく。

そうして形作られる図形の関係は、三角関係。

同位角でも同じ事が言える。

同じ位置関係、立場が続いていくのなら、平穏な日々が続いていく可能性がある。

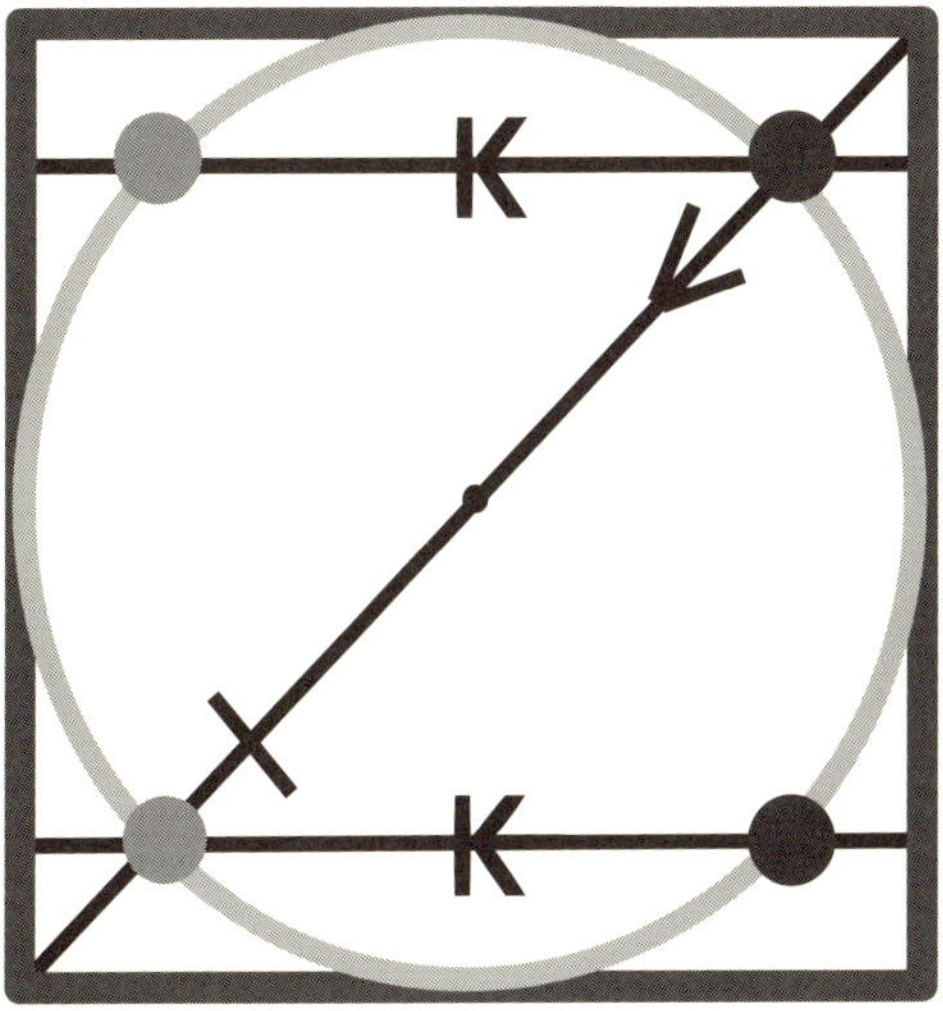

©

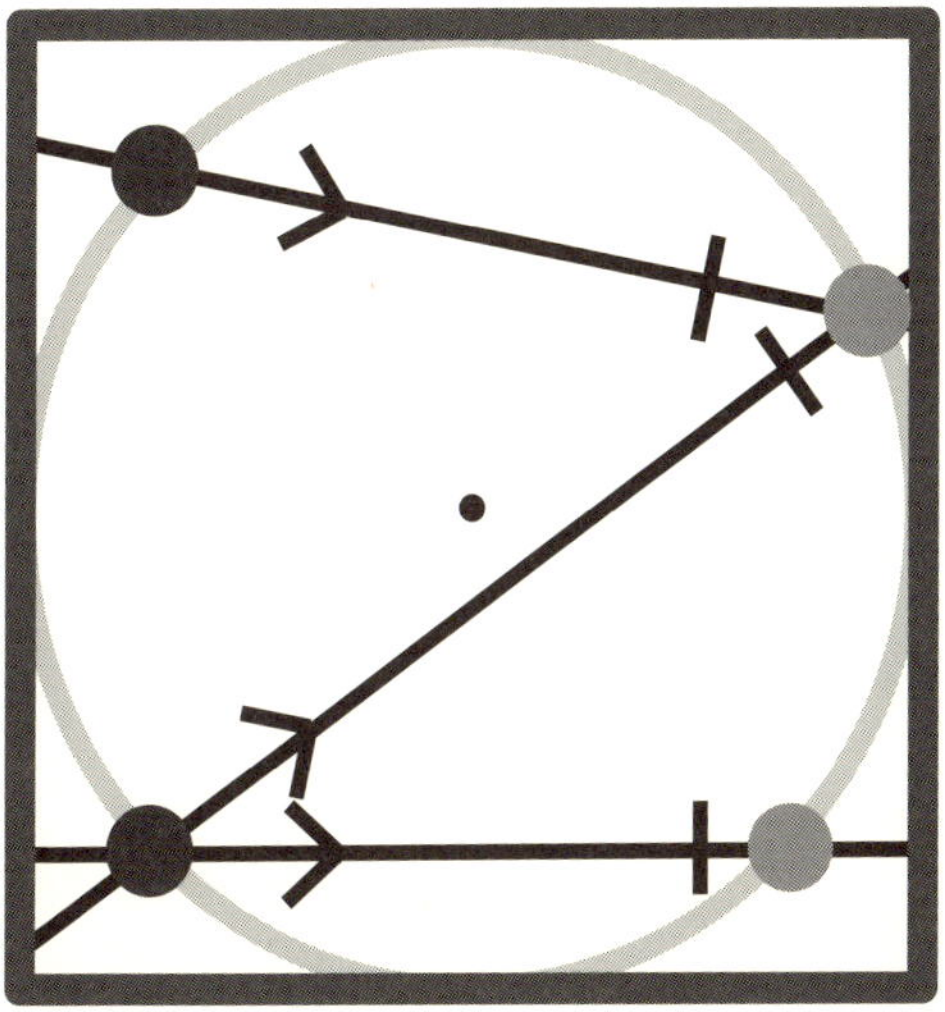

©

恋愛の展開図

恋愛は成り行きがすべて。

どこまでも二人の中で展開していき、最終的な展開図を見ることはないのかもしれない。

ただこれから先は、ｉが、恋の四面体の底面になるような気がするが。

側面の和は、０。

見る人によって、いろいろな面が見えてくるであろう。

相手の心を無理に読もうとする推理小説になってしまう恋愛は、先行きが怪しい。

双方で相手の反応を深読みしてしまうかもしれない。

あの時の腑《ふ》に落ちなかった行動の謎解きが行われることもあるが、ほとんどは、迷宮入り。

あの時、ああすれば、思い出の数は増えたかも……

後悔先に立たず。

例えば、男が体調不良を大げさに考え過ぎ、相手に迷惑をかけまいと手紙のやり取りをやめようと書いたとして、女性の方は、ほかに好きな子ができたと思うかもしれない。

男が単なる気まぐれで書いたことに対して、女性からは、こう書かれるかもしれない。

「もう手紙を書くのは断ろうと思った。私は、怒ると怖いわよ」

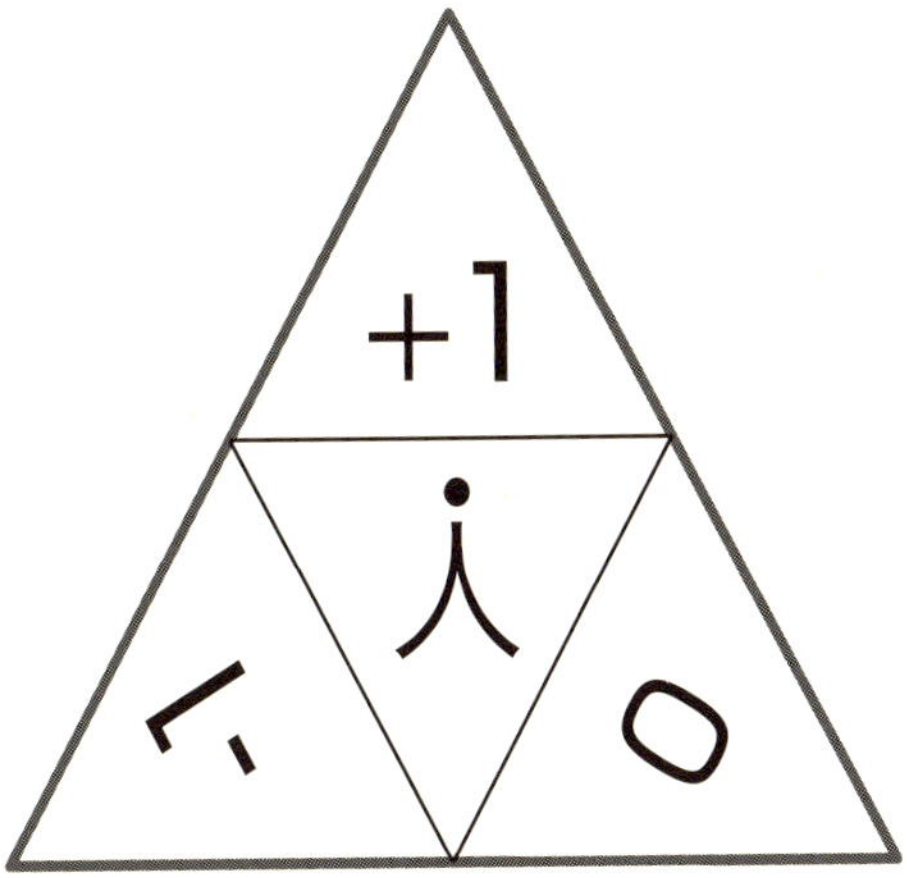
+1
人
-1
0

Ⓒ

恋愛の化学

恋愛の化学反応

恋愛とは、それぞれの個性と個性の融合という化学反応である。

その生成物は、相性という結果で表れる。

混ぜようとしても混ざらず、化学反応も起きず、単なる混合物となる場合もある。

水と油。

化学反応を起こした場合の結果は、生成物、沈殿、白濁、凝固、爆発、発酵、腐敗、何でもありである。

発熱反応あり、外から熱を与えないと進まない吸熱反応あり。

偶然の出来事の重なりなどの外部環境の変化によって、新たな化学反応が始まる可能性もある。

やけぼっくいに火が付く。

火のないところに煙は立たず。

恋愛の炎色反応が見られるかも。

事件が起きると、ビーカーの中をかき混ぜるのと同様に反応が進むこともある。

雨降って地固まる。

重要なのは触媒の存在、触媒はそれ自体、変化しないところに意味がある。

だから、恋愛の触媒となる人は、そばにいる必要がないわけである。

そのかわり、触媒だけにその威力は、ショック倍なのかもしれない。

蒸発してしまう想いもあれば、昇華され永続する想いもある。

未練は未恋とは書かないが、願いがかなわなかった熱い想いは、消火や消化されず、頭に残り、焼き付けられている。

一日千秋の想い。

日常のいやな出来事が頭の中を占領しそうな時、過去を思い出すことで甘美な想いが、頭の中を心地よく満たして、癒《いや》してくれるのである。

思い出は、長年の歳月により美化され、脳裏に焼き付けられ、時々思い出されることで、ストレスから解放される。

中和。

未完の恋のせつなさが続くからこそ、甘酸っぱい思い出が、永遠の処方箋となりえる気がする。

彼女の怒った顔を見たりすることもなく、罵声《ばせい》を浴びたりすることもなかったからこそ、よかったのである。

本当は怒っていたとしても。

一緒に歩いた場面を思い出せば、未だに、夢《ゆめ》見《み》心地《ごこち》。

いつでも頭の中に再現して心地よい気分になれる思い出にできるかどうかは、自分次第。

時が過ぎていくということは、時計の針を戻すことは不可能ということ。

不可逆反応。

しかし、人生は、やり直しができるはず。

可逆反応。

♪♪　恋の番人　RO.9　© Hifumi kubota　♪♪

……

……

二人の空間　ねじれの位置　一点も交わりはない
平行線なら、同じ平面に存在できるかも
幾何学《きかがく》模様に彩《いろど》られた恋の成り行き見守って
男と女が触れ合って　どんな形を作るのか
せつない思い出　昇華されて　不可逆　中和作用
ときめき　ひらめき　きらめき　ざわめき　どよめき　連続反応
化《ば》け学炎《ほのお》に照《て》らされた愛の行方見届けて

検索キーワード　tinhaism　恋の番人　RO. 9　オリジナル

男と女が溶け合って　どんな色を放つのか
体を突き抜けた時間が
心も突き抜けて
恋の番人はすべてお見通し
……
……
「□□□□□□□□□□□□□、□□□□□□□□□□□」
恋の呪文が　あちらこちらで
二人の仲　駆け巡る
恋の番人が　唱えながら
男の耳元に　ささやいて

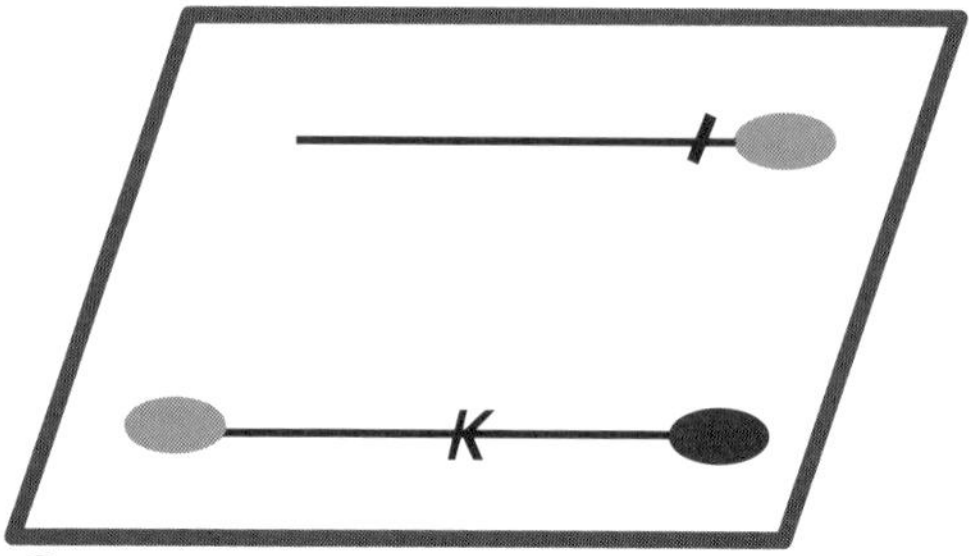

Ⓒ

過去作品紹介

生き残りの経済学　RO. 1

知り合いの女性何人かに本を配ったが、要求されたのは、本へのサインである。

○○さん へ　　□□□□□

何度も断ったが、かなり強引にさせられた。

女性のプレゼント好きを改めて確認することとなった。

あまりよく知らない男からのものであっても。

男話の男の私としては、柄《がら》でもない行為となった。

経済学の本なので、喜ばれることは少なかったと思うが、内容を理解しなくてもとにかく実行された方は、得したはずである。

生き残りの
経済学
RO.1
金融バブルの常勝法と
経済危機の脱出法提案
◉藤四郎 Toushiro
発売元　静岡新聞社

男話女話　短文一行落とし　RO.２
おわり　RO.３
迷子　RO.４
涙と笑顔　RO.５

師走《しわす》に子供にこう言った。

「書《か》き初《ぞ》めのついでに、『男』と『女』と『話』という字を書いておいて。表紙の題字に使うから」

友人に本をあげたところ、奥さんが読んで笑っていたそうである。

直接言えなかったが、こう思った。

（素敵な女性と結婚したな）

先輩からは、

「頭にこびりついて離れられない」

と私にとっては、最高のほめ言葉をいただいた。

人生の余興になれば光栄です。

男話
女話
◉藤四郎 Toushiro
短文一行落とし RO.2
おわり RO.3
迷子 RO.4
涙と笑顔 RO.5
発行元 静岡新聞社

しろう党の提言RO.6　　未公表

しろう党党歌　I like capitalism so I vote wet.　RO.7

そして、本作

数学的恋愛論　RO.8

8は八で末広がり、無限大につながる。

∞→8

恋の番人　RO.9

検索キーワード tinhaism　I like capitalism so I vote wet.　RO.7

恋愛の系《けい》

あの若いころからの感覚は、なんだろう。

どんな分野で、どんな形のものを作るのかわからないまま、とにかく表現してみたいと思っていた。

実は、彼女を見ていた時に思っていたのは、是非《ぜひ》自分の作品を見ていただきたいというものであった。

偶然ではあるが、妻は、言葉の関係で文字を追って読むことはあっても、文面を味わうことはできない。

まだあの頃の直感を信じている。

おそらく、彼女が私と出かけてくれた時の気持ちは、怖い者見たさ。

いつまでも、彼女の前に堂々と立っていることができる自分でいたいものである。

たとえほんの一瞬でも、彼女と自分が釣り合うと思っていたことを証明する責務があると勝手に思い込んでいるのである。

傍《はた》から見たら、月とすっぽん。

再会の時、

「趣味で本を作っているんです。どうぞ」

と彼女に手渡そうとした時、彼女から発せられた言葉は、

「いいです。要りません」

奈落の底。

外国人を含む百人以上の人に本を配ったが、断ったのは彼女だけである。

しかし、私への期待度ゼロということは、私の行動は自由度百パーセントということなのである。

男話の男が、好きな女性の顔色をうかがうようになると、作品がゆがむのである。

一点からの一定の距離の軌跡で描かれる円から、二点への距離の和が一定で描かれる楕円のように。

それだけは、避けたい。

そんな円の接線のまっすぐな気持ちの延長線上にこの作品も存在しているわけである。

男話の男にとって恋の成就と作品の成立とは、二律背反。

初めて彼女に出した往復はがきに書いた通り、

『いつか君を振り向かせてみせる』

瓢箪から駒を出して

という一心で、未《いま》だに行動している、かなり気の長い話なのである。

万が一の再会のために常に二、三冊の独りよがりの作品だけは用意しておこうと自分勝手に思うわけである。

準備万端。

たとえ、永遠に読んでもらえる機会は来なくても。

ちりもつもれば山となる。

ということで、怠け者の私なりにこうしてがんばっているわけである。

気をつけなければ、横恋慕《よこれんぼ》。

ちなみに、妻の口癖はこれである。

「他人の力で幸せになる」

他力本願。

おお、恐《こわ》、怖《こわ》、□□、□□。

ということで、三者よし、私としては、恋愛の系は閉じていると思うわけである。

恋の呪文

恋愛多義文

すきなこといっしょになると、すきになったことできん

男話の男
好きな子といっしょになると、好きになった事、できん。
好きな事、いっしょになると、好きになった子とできん。

女話の男を気取る勘違い男
好きな子といっしょになると、好きになった子とできん？

ご立派な男
好きな子といっしょになると、好きになった事　で、金《きん》。
好きな事、いっしょになると、好きになった子とで、金。
もちろん、最後の金《きん》は、金メダルの意味です。
蛇足。

あとがき

こうして、男話女話の続編の参上と相成った。

「書き切れたか」

との問いかけがあれば、まだ恋愛の半分も書けていないという思い込みはある。

しかも、それは決して書き切れるものではないと理解している。

さらに、書こうとするべきものでないことも……

事実は小説よりも奇なり。

参上と言えば、三乗。

何の三乗かといえば、腹八分目。

ということでお許しください。

いくらがんばっても物事の八割も見えているはずのない身勝手な思い込みの目で見ている現実を八割に満たない理解度で、さらに八割に満たない筆力で表現できたものは、当然真実の半分程度ということでご勘弁を。

$0.8 \times 0.8 \times 0.8 = 0.562$

話半分。
ということで、数学的恋愛論は証明完了ならず。
恋愛はいつになっても、暗中模索。

前作の男話女話RO.２の本体価格は、「ハハハ」と笑っていただきたく、八八八円、
本作は、「ククク」と笑っていただきたく、九九九円とさせていただきます。
笑う門《かど》には福来《ふくきた》る。

この本の制作に携わった方々に感謝します。
感謝感激。

それでは、平成二十七年（２０１５年）の冬から始まる未来が、皆様にとって素敵な時間となりますように。

数学的恋愛論　RO.8
恋の番人　RO.9

平成27年10月12日　初版第1刷発行

著者・発行者　久保田一二三

発売元　静岡新聞社
〒422-8033 静岡市駿河区登呂3-1-1　TEL 054-284-1666

印刷　藤原印刷

Printed in Japan
ISBN978-4-7838-9915-0 C0095